修剪梦境

·对称·

国开童媒 编著　每晴 文　木子 图

国家开放大学出版社出版　国开童媒（北京）文化传播有限公司出品

北 京

画家帕罗整日与图形打交道。
他喜欢各种稀奇古怪的图案组合，讨厌一切看起来单调的设计。

西服非得两边一模一样吗？太不个性了！

画架为什么总是方方正正的，这太不符合我的审美了！

"还是我的桌子耐看，它是多么独特……"

这时，帕罗看着书桌上的一把剪刀出了神。

如果能有一把神奇的剪刀，让我能随意修剪那些丝毫没有设计感的东西就好了，我一定能让这个世界变得更有趣！

他一边想着，一边打起了瞌睡。

迷糊中，帕罗看到一面高墙，墙上有扇门，
门的上方刻着几个大字：**对称世界**。

小贴士：如果一个图形从中间对折后，两边能够完全重叠在一起，那么这个图形就叫作"对称图形"，中间那条线称为"对称轴"。帕罗推开的那扇门就是对称的，门的中缝就是对称轴。

　　"天哪，我最不喜欢的就是对称，"帕罗嘀咕着，"瞧瞧这门，设计得太没劲了。"

　　虽然嘴上这么说，出于好奇，帕罗还是轻轻地推开那扇门，迈了进去。

帕罗被眼前的景象惊呆了……

　　在他的正前方是一个长方形的广场，广场两边对称地栽着两排树，那些树居然长得一模一样！还有那花圃里的花朵的数量和位置也是一模一样的！

广场中央的上方横跨着一道气球拱门，它的颜色排列和造型设计也是左右两边一模一样！
这一切正是帕罗最讨厌的样子。

小贴士：画面中这种左右一致的现象，在数学里被称为"对称现象"。小朋友，你能列举一些你身边的对称现象吗？

帕罗连忙移开视线，看向广场一侧的远处，那里好像是一个游乐场。
"游乐场应该会设计得比较有创意吧。"帕罗满怀期待地走了过去。

走到游乐场跟前，**帕罗失望极了！**
只见圆形空地的正中央矗立着一架摩天轮。

那过山车乍一看很漂亮，可是帕罗仔细一瞧就发现了问题——它是把整个游乐场围成一圈的环形过山车——也就是说，从高空俯视的话，它就是个普普通通的圆。

小贴士： 小朋友，请你试着给一个圆形的图案找一找对称轴，跟爸爸妈妈说说你有什么发现？

13

帕罗强忍着内心的反感，继续向前走。他发现前面是一片港湾，内心又有了一丝期待。

然而，映入眼帘的一面旗帜令他有些倒胃口。

"真是太乏味了！"

　　帕罗一抬眼，看见了一艘华丽的帆船，他的心情刚好了一秒，瞬间又觉得哪儿不对劲。

　　"天哪，这船帆为什么是如此对称的等腰梯形！"

　　"这个地方我真是一秒也不想待了！"

15

帕罗转过身，飞也似的逃往来时的路。

可是，他惊奇地发现，那扇门不见了，现在那个地方挂着一把巨大的剪刀。

帕罗觉得那把剪刀很眼熟，他不由自主地走过去，拿下它。

当他的手碰触到剪刀的一瞬间，**他的身体忽然增大了许多倍！**

他惊奇地看了看剪刀，又看了看自己变得高大的身躯，心情顿时愉悦起来。

帕罗先来到就近的广场上。

他拿起剪刀，弯下腰，对着花圃里的花朵"**咔咔咔**"地修剪起来。

接着他又"**咔咔咔**"，轻轻松松地剪掉了几棵树。

当然，那个气球拱门他也是不会放过的，他对着拱门的正中间剪了一刀还不满意……

帕罗兴奋地跑向了游乐场。

他拿起大剪刀，对着摩天轮……随着"咔咔"两声响，圆形的摩天轮被剪去了扇形的一角。

帕罗又看了看过山车，他竟然放下手里的剪刀，直接用手去掰过山车！

我真是个设计天才！哈哈哈！

接着，帕罗又兴冲冲地跑向了码头。

他把剪刀对准了那面正方形旗帜的正中，"咔——"，"咦，怎么还是不对劲？"

他又对着剩下的长方形正中剪下去，"嗯？还是不对。"

他再对着剩下的小正方形斜斜地剪下去，"怎么还是对称的！"

帕罗生气了！他挥舞着剪刀冲向了船帆，

他居然腾空飞了起来！

轰——轰

正当帕罗想要欣赏一下自己修剪完的船帆时，他突然听到远处传来两声巨响，"轰——轰！"

帕罗循声望去，他惊讶地看到被自己亲手改造的摩天轮和过山车轰然倒塌，美丽的游乐场瞬间变成一片废墟！

还没等帕罗从惊愕中回过神来，他又听见身旁传来一阵"**咔咔嘎嘎**"的声音，那是……
高大的帆船桅杆正向他压来！

在帕罗的梦境中，我们可以看到很多的轴对称图形。孩子借由这个故事，可以很好地认识"轴对称图形"这一数学概念。然而，从绘本的平面插图迁移到生活场景，孩子对生活中"轴对称现象"的理解，可能还需要家长进一步的辅助。

我们可以先让孩子来认识"对称"。它是一种最基本的图形变换，关注的是图形运动的动态过程。轴对称图形是图形运动后得到的结果，是一个静态的呈现。结合故事中的轴对称图形，孩子不难发现：将图形对折，两边完全重叠在一起，它就是轴对称图形，折痕所在的这条线，就是这个图形的对称轴。

同样地，生活中如果有什么东西，它的外表具备这种特征，那就是生活中的"轴对称现象"。我们可以带着孩子动手实际操作一下，让他们有更加直观的体验。比如，准备一张纸，先左右对折一下，画出半边衣服或其他图案，剪好打开，我们就得到了一个轴对称图形，告诉孩子这是对图形进行了"翻折"，相当于原来的图形运动到了另一边，从而帮助孩子更好地理解轴对称图形的特性。

北京润丰学校小学低年级数学组长、一级教师　蒋慕香

思维导图

帕罗用一把可剪万物的剪刀改造了对称世界，但是结局很糟糕。帕罗用这把剪刀做了些什么呢？对称世界变成了什么样呢？请看着思维导图，把这个故事讲给你的爸爸妈妈听吧！

原因

结果

进入
对称世界

看见
对称的广场

看见对称的
摩天轮和
过山车

看见对称的
旗帜和船帆

拥有一把
可剪万物的
剪刀

帕罗进入了
一个梦境

拥有
高大的身躯

修剪广场的
花圃、树木
和气球拱门

修剪摩天轮
和过山车

修剪旗帜
和船帆

对称世界
坍塌

· 对称的房子 ·

　　帕罗想建造一座对称的房子，但他左看右看，总感觉这座房子哪里有些不太对劲。观察下面的房子，快告诉爸爸妈妈，这座房子是对称的吗？请你帮助帕罗找到这座房子的对称轴，把不对称的地方圈出来，并把这座房子改成一座对称的房子吧！你可以把你改造的房子画下来哟。

·小小剪纸家·

今天我们要在剪纸中体验奇妙的对称美，各位小小剪纸家，你准备好了吗？

1. 准备材料

几张白纸，一把剪刀，一支铅笔、彩笔或者蜡笔若干。

2. 确定剪纸图案

你最喜欢什么图案呢？你喜欢的图案是轴对称图形吗？如果是的话，咱们今天就利用轴对称图形的特点，快速地剪出这个图案吧！我们先以小松树为例。

3. 体验剪纸过程

① 先拿出一张白纸，把它对折，中间的折痕就是这张白纸的对称轴。

② 沿着所折白纸右边的边缘线（也就是白纸的对称轴），画出右边的线条。

③ 用剪刀沿着你刚刚所画的线条剪下去，完成剪纸步骤。

④ 把剪纸打开，一棵完整的小松树就呈现在你眼前啦！

⑤ 最后，用彩笔或蜡笔为你的小松树涂上颜色吧！

4. 游戏总结

怎么样，利用轴对称图形的特征来剪纸，剪纸是不是变得简单而有趣呢！你还能剪出什么好看的图形呢？快来试一试吧！你还可以用自己的想象力创造独特的轴对称图形哟！

知识点结业证书

亲爱的＿＿＿＿＿＿小朋友，

　　恭喜你顺利完成了知识点"**对称**"的学习，你真的太棒啦！你瞧，数学并不难，还很有意思，对不对？

　　下面是属于你的徽章，请你为它涂上自己喜欢的颜色，之后再开启下一册的阅读吧！